百角文库

奇妙的大地

郑平 编著

中国少年儿童新闻出版总社
中国少年儿童出版社

北 京

图书在版编目（CIP）数据

奇妙的大地 / 郑平编著 . —— 北京：中国少年儿童
出版社 , 2024.1（2024.7重印）
（百角文库）
ISBN 978-7-5148-8387-9

Ⅰ . ①奇… Ⅱ . ①郑… Ⅲ . ①地球科学 – 青少年读物
Ⅳ . ① P–49

中国国家版本馆 CIP 数据核字（2023）第 238376 号

QIMIAO DE DADI
（百角文库）

出 版 发 行： 中国少年儿童新闻出版总社
中国少年儿童出版社

执行出版人：马兴民

丛书策划：马兴民 缪 惟	美术编辑：徐经纬
丛书统筹：何强伟 李 橦	装帧设计：徐经纬
责任编辑：邹维娜	标识设计：曹 凝
责任校对：杨 雪	封 面 图：杰米乔
责任印务：厉 静	插 图：赵野木

社 址：北京市朝阳区建国门外大街丙 12 号	邮政编码：100022
编 辑 部：010-57526333	总 编 室：010-57526070
发 行 部：010-57526568	官方网址：www. ccppg. cn

印刷：河北宝昌佳彩印刷有限公司

开本：787mm × 1130mm 1/32	印张：3
版次：2024 年 1 月第 1 版	印次：2024 年 7 月第 2 次印刷
字数：30 千字	印数：5001-11000 册

| ISBN 978-7-5148-8387-9 | 定价：12.00 元 |

图书出版质量投诉电话：010-57526069　　电子邮箱：cbzlts@ccppg.com.cn

序

  提供高品质的读物，服务中国少年儿童健康成长，始终是中国少年儿童出版社牢牢坚守的初心使命。当前，少年儿童的阅读环境和条件发生了重大变化。新中国成立以来，很长一个时期所存在的少年儿童"没书看""有钱买不到书"的矛盾已经彻底解决，作为出版的重要细分领域，少儿出版的种类、数量、质量得到了极大提升，每年以万计数的出版物令人目不暇接。中少人一直在思考，如何帮助少年儿童解决有限课外阅读时间里的选择烦恼？能否打造出一套对少年儿童健康成长具有基础性价值的书系？基于此，"百角文库"应运而生。

  多角度，是"百角文库"的基本定位。习近平总书记在北京育英学校考察时指出，教育的根本任务是立德树人，培养德智体美劳全面发展的社会主义建设者和接班人，并强调，学生的理想信念、道德品质、知识智力、身体和心理素质等各方面的培养缺一不可。这套丛书从100种起步，涵盖文学、科普、历史、人文等内容，涉及少年儿童健康成长的全部关键领域。面向未来，这个书系还是开放的，将根据读者需求不断丰富完善内容结构。在文本的选择上，我们充分挖掘社内"沉睡的""高品质的""经过读者检验的"出版资源，保证权威性、准确性，力争高水平的出版呈现。

通识读本，是"百角文库"的主打方向。相对前沿领域，一些应知应会知识，以及建立在这个基础上的基本素养，在少年儿童成长的过程中仍然具有不可或缺的价值。这套丛书根据少年儿童的阅读习惯、认知特点、接受方式等，通俗化地讲述相关知识，不以培养"小专家""小行家"为出版追求，而是把激发少年儿童的兴趣、养成正确的思考方法作为重要目标。《畅游数学花园》《有趣的动物语言》《好大的地球》《看得懂的宇宙》……从这些图书的名字中，我们可以直接感受到这套丛书的表达主旨。我想，无论是做人、做事、做学问，这套书都会为少年儿童的成长打下坚实的底色。

中少人还有一个梦——让中国大地上每个少年儿童都能读得上、读得起优质的图书。所以，在当前激烈的市场环境下，我们依然坚持低价位。

衷心祝愿"百角文库"得到少年儿童的喜爱，成为案头必备书，也热切期盼将来会有越来越多的人说"我是读着'百角文库'长大的"。

是为序。

马兴民

2023 年 12 月

目　录

在海底深渊中探险

强大的水下探照灯亮起，光线第一次造访黑暗的海底深渊。一个陌生而新奇的世界展现在两位勇敢的深海探险家的舷窗前。

一条 30 厘米长的怪鱼，摆动着扁平的身躯，缓缓在水中游动。它从来没有见过身边出现的这个庞然大物——水下深潜器，所以不害怕，也不逃避，还是若无其事地游着，最后慢悠悠地把半截身子钻进海底软得不能再软的细泥里去了。

一只红色的大虾也赶来凑热闹，它竟然贴近深潜器的舷窗，像是欢迎这位深海中出现的不速之客。

在探照灯的照射下，海底看起来是一片橙黄色，堆积着亘古以来从未受过打扰的厚厚软泥，这其中的大部分是生活在海中的单细胞植物——硅藻留下的遗体。

整个深渊浸沉在一片宁静、安谧、黑暗的世界里。

水深指示器指示着水深：10916 米。

水温表指示着水温：3.3℃。

没有海水流动现象。

上面所讲的，是深海探险家雅克·皮卡德和唐·沃尔什于 1960 年 1 月 23 日第一次向全世界报告的海底深渊中的图景。他们乘坐的是雅克·皮卡德的父亲——著名的物理学家、发明家奥古斯特·皮卡德设计制造的"特里雅斯特"号。

"特里雅斯特"号下潜的地点位于太平洋上的马里亚纳海沟。1875年，英国海军调查船"挑战者号"第一次发现了它。1951年，英国海军派出"挑战者二号"，对它进行了更精确的测量，测得深度为10863米，具体位置是北纬11°19'，东经142°15'，并将此处命名为"挑战者深渊"。而1960年的"特里雅斯特"号深潜器则创造了人类潜入世界海洋最深的纪录。

在科学技术还不够发达的年代，海洋是人类最不熟悉的领域。深深的海水挡住了人们的视线，人们很难弄清海底的真实面貌。后来，科学家发明了新式的测深仪器，能够以更快的速度和足够的精确度测量大海的深浅，人们这才渐渐弄清海底的情况。原来海底也和陆地一样，是一个高低起伏、复杂多样的世界。

在茫茫大海的底部有连绵的海岭，有孤立的山峰，有广阔的盆地，也有狭窄的深谷。在这些复杂的地形中间，大概要数海底深渊最引人注意了。这些海底深渊常常连接成一条又深又陡的峡谷，就是地理学中所说的"海沟"。

海沟之深的确叫人吃惊。如果把世界最高的珠穆朗玛峰（海拔8848.86米）放进马里亚纳海沟，峰顶距离水面也还差1000多米呢。

在1万多米深的海底，海水的压力也大得惊人。如果你们学过大气压力的知识，可以计算一下，1万米以下的海水压力有多大。

告诉你们，海底深渊处的海水压力大约等于1100个大气压。换句话说，那里1平方厘米的面积上，要承受大约1100千克的压力。

　　为了克服水下压力，顺利完成征服海底深渊计划，皮卡德的深潜器采用了最结实的钢板舱体和各种保护性设备。

　　在 1 万米深的海底，阳光是绝对透不进去的，水温也很低。可是，在这种高压、黑暗、低温的环境中生存，会是一种怎样的情景呢？会不会也有生物在这里生活呢？

　　现在，这些问题已经被解答了。"特里雅斯特"号的成功探险，为我们描绘出海底深渊的生动景象，同时也告诉我们，海底深渊并不可怕，即使在 1 万米以下的海沟里仍然有各种生物生存。

　　如果在世界地形图上仔细观察地球上各条海沟的分布，不难发现这样一个规律：它们绝大多数靠近大陆，特别是一些岛屿的边缘。

　　上面提到的马里亚纳海沟就在马里亚纳群

岛的东侧。另外，日本海沟在日本列岛的东侧，菲律宾海沟在菲律宾群岛的东侧，汤加海沟在汤加群岛的东侧，等等。

这些现象引起科学家们的极大兴趣。他们认为，这绝对不是巧合，其中必然包含深刻的科学道理。

目前比较流行的解释是这样的：按照板块构造学说的理解，地壳是由若干个板块构成的，板块浮在地幔之上，处于不停的运动之中。这些海沟是大洋板块和大陆板块的交接地带。当两侧板块在此处碰撞挤压时，大洋板块下倾，俯冲到大陆板块之下。于是，在这里就产生了海沟。而海沟另一侧，大陆板块受挤上拱，形成高出海面的岛屿和海岸山脉。

奇怪的湖泊

世界上有一种奇怪的湖泊，别看它叫湖，可湖中并没有水，而是稠糊糊、热腾腾、红通通的岩浆。而且这种湖往往位于巍峨的高山之巅，隐藏在一个深深的大坑底部。炽热的岩浆翻腾着，吼声隆隆，真令人胆寒。

非洲刚果民主共和国东部边境上的尼拉贡戈火山顶部，就有一个这样的熔岩湖。这座火山海拔3000多米，正好位于东非大裂谷附近，是一座非常活跃的活火山。在最近100多年间，尼拉贡戈火山曾经喷发过多次，每次喷发总要流出大量炽热岩浆，沿着山坡流得很远，结果把漫山遍野的森林烧个精光。后来，火山停止了喷发，在火山顶上留下一个深深的火山口，火山口中隐藏着那个终年沸腾着的熔岩湖，并成为非洲大陆最令人惊异的奇观之一。

从远方眺望尼拉贡戈火山是很有趣的事情。白天，一缕缕白色的烟雾在山顶袅袅升起；晚上，从火山口迸出的火星则像节日里的焰火那样，放射着耀眼的光芒。

尼拉贡戈火山口样子很像一口巨大的锅，从锅沿到锅底有好几百米深。四周是圆弧形的陡壁悬崖，悬崖下面就是那个沸腾着的熔岩湖。

多少年来，人们一批又一批地攀上尼拉贡戈山的顶峰，从火山口边沿向下俯瞰熔岩湖壮丽而又神秘的奇景。可是，很少有人敢爬下悬崖，到熔岩湖边看看那里究竟是什么模样。

1948 年和 1953 年，一位意大利的勇敢探险家，冒着被岩浆吞没的危险，两次走进地下"魔窟"，为我们带回了极为重要的科学资料。

原来，这片稀奇的熔岩湖并不是一天到晚翻滚沸腾着的，它也有平静的时候。这时，湖面上相当安静，火红的岩浆表面渐渐冷却，结成一层厚厚的黑壳。

可是，平静的时间并不长。没过多久，湖面上又开始涌出火红的岩浆，随着喷涌的范围越来越大，湖面的岩壳逐渐被掀开。与此同时，熔岩湖上方升腾起浓密的烟雾，湖中发出隆隆的响声。

很快，原来凝结的岩壳就重新被熔化成岩浆，整个熔岩湖像一炉熔化的铁水。再过一段时间，熔岩湖又会慢慢恢复原来的平静。

像尼拉贡戈这样的熔岩湖，太平洋中部的夏威夷群岛上曾经也有一个。可是，1924年的一次火山爆发以后，这个熔岩湖就忽然消失了，只留下了一个黑洞。

熔岩湖的存在说明什么问题呢？

第一，它的存在最直观地告诉我们，地壳下面确实存在着大量的炽热岩浆。虽然在火山喷发的时候，常常涌出岩浆，但是，人们很难接近正在激烈喷发的火山，去观察岩浆流动。只有沸腾着的熔岩湖，随时都欢迎人们到它身边参观。

第二，它告诉我们，熔岩湖的出现和岩浆本身的成分有密切关系，不是所有的岩浆都能形成熔岩湖。不同类型的岩浆在成分上有很大的差异。有的岩浆中二氧化硅的含量多，岩浆特别黏稠，一从地下涌出，很快就会凝固，这种岩浆是无法形成熔岩湖的。

　　只有二氧化硅含量较少的岩浆才能形成熔岩湖。这种岩浆比较稀，不容易凝固，尼拉贡戈熔岩湖里的岩浆就属于这种类型。

一座新岛的诞生

在日本首都东京正南方大约七八百千米的太平洋上，有一串日本所属的小岛，叫小笠原群岛。在小笠原群岛西部有个孤零零的岛屿，叫西之岛。1973 年 5 月 30 日，一艘日本渔船正在西之岛附近的海面上打鱼。船上的渔民突然发现，在西之岛东南方不远的地方，有断断续续的水柱和白烟从平静的海面上升起来，再仔细看看，邻近海水的颜色也和往常不同。

渔民把这个奇怪的现象报告给日本政府。

第二天清晨，一架搜索飞机飞临西之岛上空观察。机上人员发现，在西之岛东南方大约 400 米的地方，海水变成黄绿色。在黄黄的海水中央，不时翻滚着白色的泡沫。

搜索飞机在西之岛上空盘旋观察了足足一小时。他们发现白色泡沫一会儿变小，一会儿变大，变色的海水一会儿变浓，一会儿变淡，这种情景恰恰反映出海底火山断断续续的喷发活动。

随着火山喷发力量不断加强，海水变色的范围也在一天天扩大。6 月 14 日，人们看到海面上升起了 30 多米高的烟柱。大约一个月后，海面上挺立起 1 米多高的礁石。细心的日本人立刻把它拍进了镜头，作为第一次发现新岛最有力的证据。

岛礁的出现在日本引起了轰动。日本政府

也表现出异乎寻常的热情。他们认为，对于国土面积狭小、资源相对贫乏的日本来说，这个岛屿的诞生无疑是大自然的恩赐。日本渔民可以以这座新岛为基地，开展更大规模的远洋捕捞活动。

日本的新闻界人士也是干劲十足，各大报社都派出得力记者准备来此采访。可是，事过三天，当他们乘坐飞机匆匆赶到现场的时候，奇怪地发现，在茫茫的大海上，根本找不到新岛的踪影！

原来，一座火山岛屿的诞生并不是一件容易的事情。首先，火山喷发物必须堆到足以超过海水深度的高度。比如西之岛附近的水深大约三四千米，就是说，火山首先要堆成一座像我国秦岭主峰太白山那么高的山峰，才能指望形成一座岛屿。其次，还要抵抗无情海浪的破坏。或者说，只有当火山喷发物的堆积速度超过海浪破坏速度的时候，火山岛才能慢慢从水下升起。

科学家断定，前些日子刚从海面升起的岛礁一定是被海浪吞噬了。

当然，火山喷发并没停止。9月中旬，这座"失踪"的岛屿又一次从海中钻了出来。9月14日，一艘科学考察船载着大批日本专家赶到现场，目睹了海底火山喷发的惊心动魄的情景。

人们看到，在翻滚沸腾的海面上，一股股黑色水柱腾空而起，水柱中挟带的大量火山灰，在高空慢慢散开，喷射高度达两三百米。海水被炽热的岩浆烧沸，冒出一团团白色蒸汽，随风飘到1000多米的高空。

最初，火山在水下喷发，人们几乎听不到

爆炸声。但是，当火山口钻出海平面的一刹那，立即传来了震耳欲聋的爆炸声，像几十门大炮同时开火。一颗颗赤红的火山弹在巨大喷射力的推动下，升上高空，又雨点似的飞落下来。正是在这样激烈的连续喷发过程中，火山口由小变大，一点点地长高着。

火山口升出海面后，人们才知道，原来这并不是一座火山的单独活动，而是五座火山的同时喷发，这五座火山的火山口大致可以连成一条直线，说明岩浆是沿着一条地下裂缝喷涌上来的。

火山喷发的堆积物渐渐地把新岛与原先就有的西之岛连接起来。在新旧两岛相接的一侧，围成了一个小小的海湾。

新岛在诞生以后，经过多次台风和巨浪的侵袭，仍然屹立未动，说明这座岛屿已经真的站稳了脚跟。

日本政府兴高采烈地把这座新岛标在自己的地图上，科学工作者带着各种科学仪器走上火山喷发刚停熄不久的滚烫的土地，观察新的生命在这座岛屿上是怎样产生和发展的：生性多疑的鲣鸟，经过多次盘旋侦察，终于认准了这里并不是一片危险的土地，把自己的巢建在了嶙峋的岩石上；风把远方土地上的种子吹来，在肥沃的火山灰里，钻出了第一株嫩芽……

会搬家的河流

河流有家吗？为什么说河流会搬家呢？

河流搬家，其实是指河流改道。

地球上有这么一些河流，它们经常改变自己河床的位置，今年在这里流，过不了几年又流到另外的地方去了，成了会搬家的河流。

要说地球上最会搬家的河流，就不得不提我国的黄河。

现在，黄河是在山东北部流入渤海的。可是，在历史上，黄河入海的具体位置曾经发生过许多次变化。最北，黄河曾经流经天津入渤海；最南，曾经占据今天的淮河河道流入黄海。这两个入海口南北之间的距离，大约有五六百千米。

清代曾有学者把有记载以来黄河搬家的情况做了一番详细的统计，得出的结果是：2000多年来，黄河决口、泛滥成灾有1500多次，平均每3年就要决口两次。其中决口造成的大范围改道有26次，平均每100年就要改道一次。

河流的改道，除了自然原因，还有人为的破坏。就拿距离我们最近的一次黄河大改道来说，1938年以前，黄河下游基本上沿着今天的河道，在山东北部流入渤海。1938年，抗日战争爆发不久，国民党以阻挡日军西进的名义，不顾黄河以南千百万人民的死活，在河南郑州以东的花园口扒开黄河南大堤，使汹涌的黄河水向南流入河南、安徽、江苏，最后占据了淮河河道，东流进入黄海。从1938年到1947年，黄河就沿着这条新冲开的河道流了9年，使沿河40多个县受灾，八九十万无辜人民死于洪水。

1949年以前，除了黄河以外，河流改道这种现象，在我国华北平原上也相当普遍。永定河、漳河、滹沱河等都是很会搬家的河流。

河流为什么会改道？河流搬家的奥秘在哪里呢？这要从河流的三种"工作"说起。

为了说明方便，我们可以把一条河流分成上、下游两段。上游一般山高谷深，河水在坡度很大的河床里奔流，对河床产生强大的冲刷力量，我们把它叫作"河流的侵蚀"。

侵蚀作用能够冲开坚硬岩石，形成大量的泥沙。这些泥沙又被湍急的河水带向下游，这就是"河流的搬运"。

到了河流的下游，地势一般都比较平坦，水流也开始慢下来。结果是河水的侵蚀作用减弱了，河水挟带的泥沙也渐渐沉积下来，堆在河床里，这就是"河流的堆积"。

全世界的河流都在不停地做着上述三种"工作"，侵蚀和堆积工作的性质相反，而连接它们的桥梁就是搬运。侵蚀、搬运、堆积，三者相互连接，组成了河流的全部"工作"内容。

当然，就一条具体的河流来说，上述三种"工作"常常是同时发生的。上游虽然以侵蚀为主，但也有轻微的堆积；下游以堆积为主，但也会有一定程度的侵蚀；就是到了入海口，河流的搬运作用也没有完全消失。只是那里的搬运作用已经很弱，挟带的多是十分细小的物质罢了。

河流年复一年地"工作"着。于是，上游的河谷因不断被侵蚀而逐渐加宽、加深；下游的河床则因不断堆积而抬高。当下游河床抬高到高出河床两侧地面的时候，由于"水往低处流"，河水冲决河堤另辟新的河道，河流就会搬家。

河流改道是世界上一种常见的，也是很难避免的自然现象。只要河流在"工作"，河流就有可能发生改道。如果河流上游土质疏松，侵蚀和搬运作用特别强烈，河流下游的堆积作用就会加强，河流改道的情况就比较频繁。这一点，黄河就是一个典型例子。

黄河的中游流经土质疏松而颗粒细腻的黄土高原，地面上又很少有茂密的森林覆盖，土壤侵蚀十分严重。洪水季节，1 立方米的黄河水中含沙量竟有 300 多千克。平均每年黄河带向下游的泥沙总量达 16 亿吨之多。河水中的泥沙这样多，到了下游，有一部分就堆积在河床里，河床必然急剧地升高，一遇洪水，黄河只好搬家。

为了防止黄河泛滥，我国人民在黄河下游两岸修筑了两条 1300 多千米长的大堤。他们在堤上种植树木，把千里长堤建成了一道坚实牢固的"河上长城"。

但是，要想治理黄河，彻底解除黄河对下游两岸人民的洪水威胁，还要在黄河上游和中游下功夫。例如，在黄土高原上大力植树种草，增加植物覆盖面积，减少流水的侵蚀作用和黄河的泥沙来源。现在，这项工作在黄土高原地区已经普遍地开展起来。

一个真实的故事

　　辽河是我国东北地区的一条大河。在辽河中游，能看到平静的河水在宽阔坦荡的平原上款款地流向远方。

　　一年夏天，突然狂风大作，乌云密布，瓢泼似的大雨，一下就是几天。往日平静的河水变得暴躁起来，奔腾咆哮，卷起一道接一道的大浪。河水越涨越猛，很快就蹿出河床，淹没了两岸的河滩，庄稼地里快要成熟的高粱和大豆都泡在了洪水里。

汹涌的洪水把辽河西岸的一个小村庄紧紧地包围起来，并且沿着村子四周的堤堰不停地向上漫着，尽管全村男女老少一齐上堤加土，可堤堰上升的速度还是赶不上洪水上涨的速度，眼看这座可怜的村庄就要被洪水吞没了。

人们怀着恐惧而绝望的心情，放弃自己的房屋，搬进村子中央地势最高的关帝庙里，准备用庙的围墙作为防线，与河水进行最后的斗争。村子里的老人在关云长塑像前默默地祈祷着，祈求关老爷显灵，保佑全村几十口人的性命。

没想到，奇迹真的出现了。

第二天清晨，当人们从庙里走出来查看水情的时候，突然发现，汹涌的河水一夜之间自动地散开了包围圈，驯服地退下去了。

还有一件更令人惊奇的事，一夜的工夫辽

河从村东搬到村子西边去了！

人们看着眼前发生的一切，先是迷惑、惶恐，接着发出一阵欢呼。他们认为这个奇迹是由于关老爷的保佑，感激地说，要为关老爷重修庙宇。

难道世界上真有什么神灵保佑的事情吗？如果不是，为什么仅仅一夜工夫，辽河会自己从村东搬到村西去呢？

要解答这些问题，还要从河流本身找答案。

先看看这个村庄的位置。

原来这个村庄正好坐落在辽河急转弯的地方。北来的辽河流到村北，突然向东拐了一个大弯，再转流向西，最后在村子南面流向南方。正因为辽河在这里形成极度弯曲的流势，才使这个奇迹的出现成为可能。

再看洪水泄下去之后辽河的位置。这时，

洪水前村庄与河流的位置

村北的洪水漫过河床，直接流入村南的辽河，这种流势要比平时河水绕了一个大弯的情况顺直通畅多了。这样，由于河水的冲刷，在原来两个弯头中间，就冲成一条新的河道，代替了原来村东的那段弯曲的河道。科学上把这种现象叫河流的截弯取直，残留下来的那段弯曲废河道叫牛轭湖。"牛轭"是老牛拉车时颈上套着的那个弯曲的木头，和被废弃的弯曲河道样子差不多。

因为河流打通了新的河道，泄洪的能力大

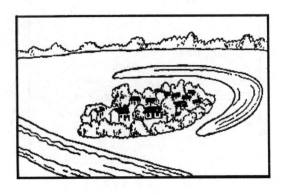

洪水后村庄与河流的位置（图中村右为牛轭湖）

大加强，洪水自然就减退了。这就是所谓"关老爷保佑"的真实情况。

在平原地区，河流截弯取直的现象很普遍。因为，河水在平坦而松散的土地上无拘无束地流着，自然造成许多曲流。曲流越发展越弯曲，一遇洪水，河水溢出河床，截弯取直的过程就发生了。

你的家乡在平原吗？你见过河流的截弯取直现象吗？如果你们那里的河流两侧存在着弯

曲的小湖或洼地（湖水干涸就变成洼地），就可以推测，很久以前，那里的河流曾发生过截弯取直的情况。

从"万里长江第一湾"谈起

在我国青藏高原的东侧，自北向南绵延着的几座大山，总称横断山脉。在这崇山峻岭中间，金沙江、怒江、澜沧江并排着向南方奔流而去。

如果稍加注意，你就会发现，金沙江与怒江、澜沧江不大一样。这条源远流长的大江虽然开始与怒江、澜沧江并排向南流去，可是到了云南省丽江的石鼓村，江水突然急转而北，差不多来了个 180° 大转弯。这就是通常所说的"万里长江第一湾"（又叫"长江第一弯"）。

石鼓以北，金沙江犹如一匹脱缰的野马，在一条仅仅几十米宽的深谷里呼啸奔腾，两岸的峭壁直上直下，从江底到山顶足有两三千米，这里便是世界上最壮丽的峡谷之一——"虎跳峡"。

长江第一弯的"弯"曾使许多到过这里的旅行者们感到莫名其妙，即便是世世代代住在金沙江边的村民也弄不清这到底是怎么回事。

村民们想，也许是什么神灵在捣鬼吧。不然，金沙江流到村子怎么突然又拐到北边去了呢？

科学家们对这类神灵之说当然不感兴趣。他们开始研究长江第一弯，想透过这一奇怪的现象弄清金沙江的发展历史。

一种比较流行的说法是：在很早很早以前，金沙江与怒江、澜沧江一样，都是自北向南流去。后来，金沙江东面的古长江不断向西发展，最后在石鼓附近硬是切开金沙江与古长江的分水岭，使金沙江与古长江连接起来。结果，金沙江水流入长江，成为长江的上游。而原来的金沙江下游河道与长江分离，变成了一条不起眼的小河。

科学家们确实在石鼓以南找到一条没有水的宽阔谷地。这条谷地一直向南延伸，与从北向南流的漾濞江很自然地连在一起。他们认为这就是古金沙江的遗迹。

也有不少人不同意上述观点，他们认为，金沙江发生这种奇怪的拐弯与当地的地壳断裂方向有关。从石鼓开始，金沙江是沿着一条很大的断层向北流的。

两种不同的观点争论了好多年，到今天仍然没有达成一致。

这里想着重介绍一下第一种观点里所说的现象。古长江夺走金沙江河水的现象，在地理学里有一个专门的名词，叫作"河流袭夺"。

河流袭夺这个名字起得很形象，不是吗？本来流得好好的河流，竟被一条毫不相干的外来河流拦腰斩断，把它的河水截夺了过去！

通过两张示意图，可以想象出古长江袭夺金沙江的大致过程。下页左图，表示金沙江没有被古长江袭夺以前的河流流向。金沙江东面的古长江正在不断向西发展。下页右图，表示古长江与金沙江相连后的河流流向。石鼓以南，画着一条宽阔的干谷，再往南即是漾濞江。

河流袭夺是河流自身发展过程中很常见的现象。一条河流的向下侵蚀不断向源头发展，有时会切穿分水岭，与另一条河流相连。因为它向下侵蚀的作用强，河床低，另一条河流的

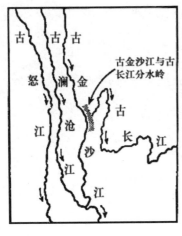

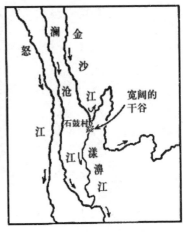

金沙江被长江袭夺前示意图　　　　　金沙江被长江袭夺后示意图

水就会汇注到这条河里来。如果有兴趣的话，

可以多看地图。当发现河流流向发生非常奇怪

的拐弯，而在对着拐弯的一侧又有一条与原来

河流流向一致的河流，你都可以画个问号，问

一个为什么。当然，确定某个地方是否发生过

河流袭夺，还要到实地去做一番详细的调查，

找出过硬的证据来。

海上草原

　　1492 年 8 月 3 日，意大利航海家哥伦布率领由三条船组成的船队，从西班牙的巴罗斯港扬帆起航，他们的目标是一直向西航行，穿过浩瀚的海洋到达东方的印度、中国和日本。结果他们没能到达亚洲东部，但是却发现了当时欧洲人还不知道的美洲。这就是通常所说的"哥伦布发现新大陆"。

　　在这次航行中，哥伦布船队在大西洋中遇到了一片奇特的海区。

船队在海上航行了一个多月，还没有见到陆地的踪影，船员们都有些失望。一天，负责瞭望的水手兴冲冲地跑进船舱，告诉哥伦布，在大海的远方，发现了一片绿色的土地。

船员们果然看到，在前方水天相接的地方，有一片平展展的草地，海风吹过，草原上荡漾起绿色的波涛。

当船只快要接近草原的时候，人们感到情况有点儿不妙。出现在他们眼前的，并不是什么陆地，而是一大片漂浮在海面上的海藻。

这片布满海藻的海域非常大，海藻也长得十分茂密。船员们要奋力排除海藻的纠缠，开辟航路，船只才能前进。他们用了好几周的时间才冲出了这片海区。

这种海藻与生长在海边的海带（也是海藻的一种）很不相同。海带只能生长在几十米深的海湾里，用长得像根一样的固着器把自己的身躯固定在海底沙滩上。可是，这里的海藻由于身上长着不少球状气囊，使它们能漂浮在水中，所以可以在几千米深的海洋中茁壮生长。因为藻叶很像花瓣，显出黄褐色的颜色，又常常聚集在一起，所以人们把它叫作马尾藻，这片长满马尾藻的"海上草原"就叫马尾藻海。

马尾藻海的具体位置在北美大陆的东南方、大西洋的北部，面积有六七百万平方千米。著名的百慕大群岛和人们常听到的"魔鬼三角区"都在马尾藻海范围之内。

科学家们解释了马尾藻海形成的原因。

我们知道，海水的流动也有方向，海洋中存在着有规律地沿着一定方向流动的暖流和寒流。马尾藻海区正好处在墨西哥湾暖流、北大西洋暖流和北赤道暖流之间，终年不息的洋流围绕着马尾藻海向顺时针方向流动，使表层海水不断地向中心地区堆积，形成足有 700 多米深的既温暖又均匀的海水区，水温常年都在 25℃以上，最适于马尾藻的生长和繁殖，这一带也就成了马尾藻生长最茂盛的海域。

科学家对马尾藻海很感兴趣，他们对它进行过细致的调查，发现在马尾藻海里生长着许许多多奇特的海洋动物。

这些动物都以马尾藻为家，极会伪装，样子也奇形怪状。有会把自己的身体胀得鼓鼓的刺鲀；有含着马尾藻飞来飞去的飞鱼；身体细长的海龙，长着管子一样的嘴巴，混在马尾藻里就像马尾藻的枝条，随着海藻一起有节奏地浮动。

最有趣的要算马尾藻鱼了。这种小型的肉食性动物，嘴上长着一个肉疙瘩，用来诱骗猎物上钩。如果遇到大的动物来进攻，它就一口气吞下大量的海水，把整个身体弄得鼓囊囊的，以致它的敌人不得不把它从嘴里吐出来，否则就有被憋死的危险。

马尾藻海里还生活着一对有趣的"朋友"——僧帽水母和僧帽水母鱼。僧帽水母漂在海上，用自己有毒的触手捕捉小动物。而僧帽水母鱼却躲在水母的触手间安家，水母有毒的触手对它丝毫不起作用。当水母捕获猎物的时候，僧帽水母鱼立刻游来，毫不客气地分享着水母的"战利品"。

喷喷停停的热水泉

　　我国科学工作者在西藏雅鲁藏布江上游塔格架地区考察时，曾这样描述当地喷泉喷发时的情景：

　　"……我们遇到一次令人难忘的特大喷发：在一系列短促的喷发和停歇之后，随着一阵撼人的巨大吼声，高温蒸汽、水突然冲出泉口，即刻扩展成直径两米以上的蒸汽水柱，高度竟有20多米，柱顶的蒸汽团继续翻滚腾跃，直捣蓝天，景象蔚为壮观。"

这种泉叫间歇泉。间歇泉是一种热水泉。这种泉的泉水不是从泉眼里不停地喷涌出来，而是一停一溢，好像是得憋足了一口气，才能狠命地涌出一股子来。喷发的时候，泉水可以喷射到很高很高的空中，形成几米甚至几十米高的水柱，看起来十分壮观。

一般间歇泉喷了几分钟、几十分钟以后就会停止，隔一段时间，又会发生一次新的喷发。如此循环，喷喷停停，停停喷喷，间歇泉的名字就是这样来的。

在英语中，间歇泉被叫作"盖策"（geyser）。这个名字是冰岛语的译音，它的原意也是间歇泉。冰岛是一个间歇泉非常集中的国家。在冰岛首都雷克雅未克附近一个山间盆地里，有一片很有名的间歇泉区，"盖策"是其中最有名的一个间歇泉。这个泉在平静的时候，是一个直径 20 米的圆圆的水池，清得发绿的热水把圆池灌得满满的，并且沿着水池的一个缺口缓缓流出。可是，平静的水面维持不了多长时间，就会突然暴怒起来。只见池中清水翻滚，池下传出类似开锅时的咕噜声。很快，一条水柱冲天而起，在蔚蓝色的天幕上洒下滚热的细雨。据说，盖策的喷发高度可以达到 70 米。

因为这个间歇泉很有名，渐渐地，"盖策"就成了世界上对间歇泉通用的称呼了。

放眼世界，这种壮观的间歇泉并不很多。比较集中的地区，除了上面谈到的我国西藏和冰岛的雷克雅未克以外，还有位于美国落基山脉间的黄石国家公园（简称"黄石公园"）、新西兰北岛等地。

美国的黄石公园一向以间歇泉闻名于世，一些远道而来的旅游者到黄石公园去，主要目的就是想看一看那里的间歇泉。

黄石公园里有个叫老实泉的间歇泉特别有趣。这个间歇泉不仅喷发猛烈，而且特别遵守时间，总是每隔一小时左右喷发一次，从不提前，也从不迟到。所以才得了这个"老实"的美名。

新西兰北岛怀芒古间歇泉以喷发最高而闻名，高程可达450米。可惜它的活跃期很短，现在已经停止了喷发。

我国西藏塔格架地区的间歇泉数量很多，喷发能量也很大，完全可以和国外各大间歇泉媲美。

间歇泉为什么喷喷停停？它是怎么形成的？

除了要满足形成泉水所需的必要条件，比如，充足的地下水源和适宜的地质构造以外，间歇泉的形成还需要具备一些特殊的条件：

第一，必须是在地壳运动比较活跃的地区，地下要有炽热的岩浆活动，而且距地表又不能太远。这是间歇泉的能量来源。上面提到的几个地方，都是这种类型的地区。

第二，要有一套复杂的供水系统。有人把它比作"地下的天然锅炉"。在这个天然锅炉里，有一条深深的泉水通道。地下水在通道最下部被炽热的岩浆烤热，但受到通道上部高压水柱的压力，不能自由翻滚沸腾。同时，狭窄的通道也限制了泉水上下的对流。这样，通道下方的水就不断地被加热，不断地积蓄力量，当水柱底部的蒸汽压力超过水柱上部的压力时，地下高温、高压的热水和热蒸汽就把通道中的水全部顶出地表，造成猛烈的喷发。在这之后，随着水温的下降和压力的降低，喷发就会暂时停止，然后又会积蓄力量准备下一次的喷发。

大风吹来的高原

20世纪30年代，中国人民的朋友、美国记者埃德加·斯诺为了对中国共产党的领导者们进行一次历史性采访，曾经穿过危险重重的封锁线，只身来到陕北。陕北位于我国黄土高原的中心。他在后来出版的《红星照耀中国》中，对黄土高原有过下面一段精彩描述：

"这一令人惊叹的黄土地带……这在景色上造成了变化无穷的奇特、森严的景象——有的山丘像巨大的城堡，有的像成队的猛犸，有的像滚圆的大馒头，有的像被巨手撕裂的岗峦，上面还留着粗暴的指痕。那些奇形怪状、不可思议，有时甚至吓人的景象，好像是个疯神捏就的世界——有时却又是个超现实主义的奇美的世界。"

八九十年前，那些来中国探险的外国科学家第一次走进黄河中上游的陕西、山西等地，就立刻被那里黄土高原的壮观景色惊呆了。

那是一个地球上绝无仅有的黄土世界。

在德国的莱茵河两岸、中欧的多瑙河一带，以及北美洲密西西比河等地也有不少黄土分布。但与中国的黄土相比，简直是小巫见大巫，不论在面积上，还是在厚度上，都无法和中国的黄土相提并论。

黄土高原东到河北、山西交界的太行山，西到甘肃的乌鞘岭，南到秦岭山脉，北到长城一线，面积有 30 多万平方千米。

黄土高原上的黄土堆积厚度也很惊人。一般有五六十米厚；在陕西、甘肃的一些地方，可以找到一两百米厚的黄土层。这样厚的黄土层在国外是找不到的。

那么，这么大范围分布的深厚黄土层到底是怎么来的呢？直到现在，科学界仍就这个问题争论不休。

一种学说认为，黄土是由当地岩石风化形成的。他们认为，因为地质时代久远，风化过程很长，天长日久，岩石逐渐风化成粉末，形成厚厚的黄土堆积起来。

这种学说遭到不少学者的反对。他们认为，如果是由风化导致的，那黄土高原上的黄土应该遍地皆是，但是事实上，黄土高原超过 3000 米的山峰上并没有黄土堆积，这些山峰像一座座岩岛，屹立在茫茫的黄土海洋之中。

另一种学说认为，黄土应该是由流水挟带的泥沙堆积而成。而反对这种学说的学者表示，根据他们调查，在黄土高原那些几十米厚的黄土层中，几乎看不到明显的流水层次。

需要指出的是，这里所说的黄土并不是一般的"黄色的土"。黄土高原上的黄土土质又细腻、又均匀，粒径只有零点零几毫米。厚厚的黄土层，上下看不出明显变化。

现在科学家比较一致的看法是黄土有复杂的形成过程，而风成过程是黄土形成的主要过程。也就是说，黄土高原的黄土主要是大风吹送、堆积而成的。

最早提出风成说的科学家们，根据亚洲大陆内部戈壁、沙漠和黄土的分布情况，画了一张想象中的地图。地图的中央部分是砾石遍地的戈壁，向外是几片有名的沙漠，即中亚地区的卡拉库姆沙漠，中国境内的塔克拉玛干沙漠、巴丹吉林沙漠、腾格里沙漠等，再向外就是广布于我国黄土高原上的黄土。地表物质由中央向外围，由砾石到沙粒再到黄土细粒，表现出明显的地带规律。因此，他们认为黄土是在漫长的地质时代里，从亚洲中心地带的戈壁、沙漠地区吹来的风，将那里的细土带到这里来的结果。

说 100 多米厚的黄土层是由风吹来的，怎么能让人相信呢？但在中国科学家做了大量的科学研究工作，找到可靠的科学依据之后，黄土的风成说才渐渐成为主流。

科学家们做了哪些研究呢？

第一，在黄土里找出古代植物遗留下来的孢子和花粉，并且进行了鉴定。根据鉴定出的植物种类，明确地证明了黄土沉积时的气候环境确实是干燥又寒冷的。

第二，用显微镜对黄土中的细沙进行观察后，发现这些很小的沙粒表面并没有流水摩擦的痕迹。科学家们还采集了黄土高原上不同地区的黄土土样，测定颗粒的粗细，结果是：越接近西北沙漠，颗粒越粗；越向东南，颗粒越细。有力地佐证了黄土是从西北沙漠地区吹来的。

第三，有学者利用气象学的知识恢复了当时亚洲的大气环流状况，提出那时的风向是有利于黄土搬运的。

黄土高原的形成起码经过了上百万年，在最近的两三万年达到最高峰。到了有文字记载的历史时期，黄土的形成过程仍然没有结束。我国古代书籍中多有记载的"雨土"现象，就是黄土搬运堆积的实证。

风沙织成的图案

"站在沙丘顶端极目远眺，眼前的景象犹如大洋中的波涛，一波连着一波，一浪跟着一浪；又好似鱼鳞，一座沙丘挨着一座沙丘，一条丘脊连着一条丘脊，排列整齐。每座沙丘都呈新月形，一个个新月形沙丘组成一条连绵的沙丘链。沙丘北缓南陡，南面形成一个山坳，山坳处便是我们宿营的好地方。"

这是一名科学考察队队员对新疆塔克拉玛干大沙漠那连绵壮阔的沙海景色的描绘。

塔克拉玛干大沙漠是我国最大的沙漠，面积比我国东部一个省的面积还大，在世界上也是有名的沙漠。

沙漠中最引人注目的，要数那些高大的沙丘了。这些沙丘都是狂暴的风年复一年的"工作成果"。狂风吹动地表的土层，吹走土层里细腻的物质，留下比较重的砾石，使大地裸露出岩石的外壳，成为荒凉的戈壁。那些被吹走的沙粒在风力减弱或遇到阻碍时又堆积成一个个沙丘，形成了沙漠。

沙漠中的沙，差不多全是一色的石英细粒，很少有其他杂质。不管是海边的沙滩，还是河流两岸的沙地，都没有沙漠中的沙子这么纯净。

沙粒被狂风吹起后，经历一次又一次的降落，最后堆积成各种各样的沙丘。在一望无际的沙漠里，这些形态各异的沙丘，组成了一幅幅绚丽多姿的图案。

下面介绍几种常见的沙丘：

新月形沙丘，顾名思义，样子像月牙儿的沙丘，从空中俯瞰，就像一弯弯新月。新月形沙丘一般都不高，很少超

新月形沙丘与气流关系示意图

过 20 米，月牙儿迎着风吹来的方向，叫迎风坡，坡度比较和缓；月牙口叫背风坡，坡度比较陡。背风坡下一般向阳温暖，是羊群避风的好地方。

如果某个地区沙源比较丰富，多个新月形沙丘就会首尾连接起来，形成一条弯弯曲曲的

沙丘链。一条条沙丘链彼此平行，排列整齐，十分壮观。

沙漠中还有一种常见的地形被称为沙垄，是一条条长短不等的垄状沙带，活像放大了的农田垄埂。有的沙垄规模很大。比如，非洲撒哈拉大沙漠中的沙垄，连绵数百千米，就像一条条沙粒堆起来的大堤。这种沙垄有100多米高，最高纪录是300米，简直成了一道道沙的山岭。要翻过这样高的沙垄真是要费好大的劲呢！

澳大利亚沙漠中的沙垄形状特殊，每条沙垄几乎都是笔直的，上面长着带刺的灌木丛，两条沙垄间还有宽阔的低地。

最雄伟的要数金字塔形沙丘了。在阿拉伯半岛有一个叫鲁卜哈利的大沙漠，那里的金字塔形沙丘有好几千座，一座挨着一座地耸立在荒凉的土地上。

金字塔形沙丘的样子很像埃及金字塔。一般高 150 米左右，直径达一两千米，有三角形的斜面和漂亮的尖顶，棱角也很清楚。这种沙丘在我国新疆的塔克拉玛干大沙漠中也有分布。

除了以上几种，沙丘论形态可以说是千姿百态，为了对各种沙丘进行详细的调查和研究，科研人员会把它们拍成照片，同时绘制精确的地形图，然后再进一步地分类。在一些专门研究沙漠的科学著作中，沙丘的类型就不下几十种。因为沙丘是风的产物，所以沙丘的形态能反映出当地风的方向和风的强度。有经验的沙漠专家，来到一片陌生的沙漠时，只要看看那里的沙丘形态，就能大致推断出这个地方常年刮什么方向的风、风力有多大。这些都是利用沙漠和改造沙漠重要的参考材料。

探险队的奇遇

苏联著名地理学家奥勃鲁切夫，在一本描写中亚探险故事的书中，叙述了探险队的一次奇遇：

20世纪20年代，一支苏联探险队来到我国新疆地区考察。一天，在临近黄昏的时候，探险队突然在荒野中发现了一座雄伟的古城：高大的城墙、巍峨的宝塔、整齐的街道和街道两旁鳞次栉比的房舍……这一切，使探险队队员们大为吃惊。因为无论是在地图上还是在史书中，这个地方都没有存在过什么城市啊！

这是怎么回事？从哪里冒出来这么一座古城呢？

原来，这就是我国新疆维吾尔自治区北部著名的"魔鬼城"，它地处准噶尔盆地西北边缘，位于克拉玛依市的乌尔禾区。

这的确像是一座神秘幽深的"城市"。每逢月明风清的夜晚，万籁俱寂，淡淡的月光笼罩在古城的上空，城中各种高大的"建筑物"便会投下黑黝黝的影子。街巷之间没有行人，没有鸡犬车马声，一切都显得那么肃穆而神秘。

刮大风的时候，狂风从西北方疾驰而来，夹杂着无数沙粒，像无数条皮鞭，无情地抽打着魔鬼城的城垣房舍，发出震耳欲聋的呼啸。

魔鬼城是谁建造的？为什么被称为"魔鬼

城"呢？难道城里真的有什么魔鬼吗？

其实，魔鬼城既没有什么魔鬼兴风作浪，也不是古代人民建造的古城遗迹，而是大自然的杰作，它是一座由风沙塑造成的奇特"城市"。

要了解魔鬼城的由来，还要从很久以前说起。远古时期，准噶尔盆地曾经是一片烟波浩渺的大湖。大湖四周耸立的群山中，奔流着大大小小的溪流。这些溪流最后都汇到这片湖里，并且把它们携带的大量泥沙、砾石，一股脑儿地倾泻到湖中。天长日久，湖泊终于被泥沙填平，变成了陆地。地表的沉积物经过很长的地质时期，已经胶结在一起形成岩石。但是这种岩石不如一般岩石那样坚硬，颗粒与颗粒之间胶结得没那么结实。另外，这些沉积物往往是一层沙砾、一层黏土交叠堆积着，有些岩层较为松软，有此岩层较为坚硬。在风蚀过程中，松软的岩层被侵蚀得快，而较为坚硬的岩层抵抗侵蚀的能力要强一些，能够较多地保存下来，这就在地面上形成了奇特的地形。

魔鬼城里除了常见的高大垄状地形，即所谓的"城堡"外，地面上还有许多被风沙磨蚀成的石蘑菇、石笋、石兽、石亭等，千姿百态，形象逼真。

也许你们会问，风有那么大的威力吗？要多大的风才能把这几十米厚的地层吹得"遍体鳞伤"呢？告诉你们，这里的风的确有那么大的威力。

新疆维吾尔自治区北部是我国著名的大风地区之一。每年冬、春两季，几乎天天都有大风，五六级、七八级大风经常造访。在一些风口地段，风力更是惊人，有时可以达到十二级以上。

从兰州到新疆阿拉山口的兰新铁路要通过一段有多个风口的百里风区。在甘肃进入新疆后不远的地方，是兰新铁路线上容易发生事故的危险地段。每到大风季节，百里风区飞沙走石，吹得火车不能前进。

风的威力很大，但是仅有风还"建造"不出前面提到的"魔鬼城"，大风中挟带的沙石才是塑造魔鬼城的主要"建筑师"。被大风吹起的沙石大得惊人，大的状如核桃，小的也有黄豆大，交织成漫天的砾雹沙雨。

这种高速飞行的沙石具有极强的破坏力，打在车窗上，顷刻之间，玻璃全部粉碎。打在车厢上，一下子就会把漆皮剥光。因此，在风口地段建造的砖墙、埋设的水泥电线杆总是伤痕累累，过不了多久，就要重新修筑。

魔鬼城附近正好也有一个风口，它正对着一条山梁中的谷口。挟带沙石的大风年复一年地吹蚀着，比较软的岩层被磨掉了，比较坚硬的岩层被保存了下来。由于岩层的结构、形状各不相同，因而形成了各式各样的地貌形态。岩层中的裂隙，是风力最集中的地方，就好比我们平时所说的"过堂风"。长久的吹蚀，使这些裂隙逐渐扩大、加深，成了一条条"街巷"，而两旁的岩层就成了临街而立的"房舍"。并且形成了形态各异的"石亭""石兽"等。魔鬼城就是这样经由风沙吹蚀塑造出来的，所以确切地说，应该叫它"风城"才更恰当。

楼兰之谜

　　楼兰，是古代西域的一个国家，一度是西北地区鼎鼎大名的 36 个城邦国之一。我国汉代的外交家张骞奉汉武帝之命出使西域之后，楼兰因地处东西交通要冲，战略地位十分重要，引起了汉朝的重视。公元前 77 年，楼兰并入西汉版图。汉朝曾设立专门管理行政军事事务的都护府实行管辖。

　　据文献记载，楼兰曾是一座很大的城池，城内人烟繁盛，城外沟渠纵横。楼兰是经过河西走廊进入塔里木盆地的第一站，地理位置十分重要。可是几百年后，这座很大的城池忽然从地面上消失了。从东晋到近代，在一千五六百年的时间里，史书上再也找不到楼兰的名字。

楼兰哪里去了？为什么不声不响地消失了？这一直是我国历史上的一个谜。尽管历代文人墨客时常提起楼兰，但那不过是一个代名词罢了，他们同样也不知道楼兰的下落。

20世纪初，瑞典探险家斯文·赫定来到我国。在塔里木盆地东部考察时，他和探险队队员们在一片寸草不生、渺无人烟的荒原上，发现了一座被风沙吞没的古城。

探险家们被眼前的景象惊呆了。在一个长宽大约300多米的近乎方形的城垣中间，残垣断壁比比皆是，横七竖八的木质梁桁在干燥的热风和残阳下显得特别刺眼，似乎在向这位不速之客诉说着当年的繁华。

可以看出，这里曾有高大的佛塔和佛殿，有建筑豪华的官邸和大量平民住宅。这里埋藏着大量珍贵文物，比如记载当地政治、经济、文化的木简和文书，织法高超带有多种图案的精美丝绸，妇人戴的贵重金玉首饰，铸有各朝代年号的钱币，等等。这里气候极端干旱，几年也不下一场雨，为保存这些珍贵文物创造了极好条件。就连埋在坟墓里的尸体也多不腐烂，变成了风干的"木乃伊"。人们可以通过这些干尸确定他们的民族、年龄、出身、生前害过什么病症，以及推断死因。这位探险家甚至在无意中挖掘到一张纸片，上面清楚地写着"楼兰"两个汉字。楼兰终于被发现了，这里保存的大量文物与历史文献上的记载有力地联系了起来。

那么，楼兰是怎样从繁荣走向没落，最后又消失的呢？科学界为此争论了很长时间，就是到了今天，仍然没有一个统一的说法。

有人推测，楼兰的衰亡可能是由于一场残酷的战争。强大的入侵者突然闯到楼兰，以迅雷不及掩耳之势杀光了城里的居民，或者把他们全部赶走了。一定是侵略者的铁蹄无情地践踏楼兰的土地，致使楼兰消失了。但是目前还找不到有力的证据来证明这种说法。

还有一些学者把楼兰的衰亡归于自然原因。有人提出这样的推断：在近一两千年，亚洲中部的气候是朝着越来越干旱的方向发展的。在楼兰的繁荣时期，那里的气候并不像今天这么干旱，每年的降水量足以使农作物正常生长。后来，由于气候逐渐变干，降水量减少，风沙灾害也频繁起来，农作物颗粒无收，楼兰的居民只好打包行李——搬家了。再后来，风沙就把这座古城掩埋了。

气候变干的假说遭到另外一些学者的反对，他们认为，亚洲中部的气候在最近一两千年的时间里还不至于变得这么快。

相比之下，水源断绝假说更能解释楼兰衰亡的原因。

这个假说认为，楼兰地处塔里木盆地东部，气候极度干旱，终年不雨，要发展农业，就要引水灌溉。因此，水源对楼兰居民来说是生命攸关的大问题。楼兰有没有水源呢？有过。一些学者认为，当时源远流长的塔里木河、孔雀河就在楼兰古城附近流过，这些河流最后汇聚成的大湖——罗布泊也在楼兰古城旁边，清清的河水和浩瀚的湖面给楼兰地区带来无限生机，沿河高大的胡杨林遮天蔽日，湖滨茂密的芦苇荡里生长着取之不尽的鱼虾。楼兰人民引来河水灌溉农田，迎来一次又一次农业丰收。

后来，放荡不羁的河流改了道，河水从上游流到新的河道里去了。从此楼兰城居民再也喝不到甘甜的河水，靠河水补给才得以存在的罗布泊也逐渐缩小、干涸了。没有了水源，生产生活用水无法解决，树木庄稼枯死了，风沙更加肆虐，人们只好从这里搬走，楼兰古城也就逐渐被埋入沙层之下，从历史上消失了。

实地考察发现，水源断绝假说是有根据的。楼兰古城附近确实找到了古代河道的痕迹。楼兰附近的罗布泊在历史上也确实发生过多次大的变化。罗布泊的变迁也是一个饶有兴味的课题，下面一篇将专门介绍。

罗布泊的变迁

　　新疆维吾尔自治区的罗布泊，曾经是我国最大的内陆湖泊之一。它的面积曾经达到3000平方千米，烟波浩渺，一望无际。可是现在罗布泊里已经没有水了。这么大的一个湖泊为什么会完全干涸了呢？

　　这还要先从罗布泊的形成讲起。罗布泊的位置在塔里木盆地东部，从地质构造上看，是一个因地壳断裂下陷形成的洼地。从久远的地质年代起，罗布泊地区就一直在缓慢地下沉。

虽然河水和风将泥沙源源不断地带到这片洼地里，仍然没有把它填平。

罗布泊是塔里木盆地的最低点。发源于盆地四周山地的河流：叶尔羌河、阿克苏河、孔雀河、车尔臣河等，大都先汇入塔里木河，最后流进罗布泊。塔里木河给罗布泊带来大量的水，在罗布泊地区汇成一片大湖。

罗布泊四周被无边的沙漠包围着。整个塔里木盆地，除了边缘有一些零星的绿洲，其他地方都被沙漠占据着。

沙漠地区的河流与湿润地区的河流很不相同。其中一个突出的特点是河道极不稳定。洪水期间，河水挟带大量泥沙淤积在河床里，使河床不断增高。狂风也会把大量流沙吹进河床，逼得河流不得不经常改变原来的路线，改走新的道路。一些学者在研究楼兰城的衰亡原因时，也认为和 1000 多年以前塔里木河改道有密切关系。

另外，罗布泊虽然很大，水却不深。几千平方千米范围内很少有超过一米深的地方。打个比方，罗布泊盆地像一只巨大的烙饼用的平底锅。火辣辣的太阳炙烤着，干热的风吹拂着，不断地吮吸着罗布泊中的水。估计每年总要有一两米深的湖水被蒸发掉。如果失去了塔里木河源源不断的补给，大概用不了一年，偌大的湖泊就会全部干涸，从地图上消失得无影无踪。

在最近几百年间，塔里木河的河道曾经发生过几次大的变迁，造成罗布泊的动荡不定。至于罗布泊为什么会干涸、消失，中外学者一直争论不休。

19 世纪 70 年代，俄国人普尔热瓦尔斯基来到新疆，沿着塔里木河东行，在塔里木河下游看到一片湖泊。他测量了这个湖泊的位置，又拿出清朝政府测绘的地图进行比较，发现这个湖泊与地图上的罗布泊相差几百千米。他认为，清政府的地图一定画错了，罗布泊并不在地图所示的那个地方。

后来，又一位外国探险家来到这里，这个人就是上篇提到过的瑞典人斯文·赫定。他不同意普尔热瓦尔斯基的说法。他认为，清朝地图并没有错，只是罗布泊搬了家，跑到另外一个地方去了。

于是，"罗布泊会从这里搬到那里，是一个游移湖泊"的说法在世界上传布开来。

罗布泊搬没搬家呢？它的湖面位置确实有变化，有时水在北边，有时又在靠南的地方，而且有时水大，有时水小，但都是在那个几千平方千米的湖盆里，并没有跑到别处去。

中国科学家在罗布泊考察时，对湖底沉积物进行了年代测定和孢粉分析，证明了罗布泊长期是塔里木盆地的汇水中心，这说明游移说只是不切实际的推断。

科学家们还利用雷达遥感技术，发现了罗布泊的干涸过程其实有 6 个明显的时期，这 6 个时期反映了 6 个阶段的干湿气候变化，对于干旱地区的环境演变研究具有重要意义。

来历不明的石头

　　在欧洲的很多平原上，可以见到巨大的花岗岩石块。千百年来，人们用这些石头造房、铺路……几乎成天和这些石头打交道，可是谁也没有留意过，这些石头究竟是怎么来的？

　　19 世纪 20 年代，两位地质学家对这些石头产生了兴趣。他们凿了些石头带回家去，把它们与从阿尔卑斯山上采来的石头进行认真的观察和比较，结果发现，它们竟然是同一种花岗岩。

阿尔卑斯山距离这些平原地区有多远呢？少说也有两三百千米。虽然这里有几条发源于阿尔卑斯山的河流，如莱茵河、多瑙河等，但是它们都没有力量把那么大的花岗岩巨石带到平原地区去。

如果不是河流搬运来的，那么这些石头是自己从山区滚到几百千米外的平原上的吗？当然不可能。

后来，又有学者延续前两位地质学家的工作，探索这些石头的来龙去脉。他不仅在阿尔卑斯山测量了那里的冰川移动情况，还对欧洲西部进行了更大范围的调查，发现在法国、英国的平原上也有同样的石块。这位细心的学者还在一些石块上找到不少条状的擦痕。他推测，这种擦痕是冰川流动过程中所携带的石块、岩屑摩擦划刻出来的，由于擦痕多呈丁字形，所以尖的一端应该就是冰川流动的方向。

这位学者根据石头上的擦痕，判断出它们是南方阿尔卑斯山上的冰川带来的。

冰川能有这么大力量吗？有的。要知道，冰川的力气非常大，凡是冰川经过的地方，再大的石块都可以被它带走。在古冰川附近，我们就常常可以看到一些很大的石块，地质学上叫它冰川漂砾。

有人会问，现在只有两极地区和高山上才有冰川，气候温和的欧洲平原地区哪里来的冰川呢？

原来，在漫长的地质历史时期里，地球上的气候曾发生过剧烈变化，有时热，有时冷。在气候普遍变冷的时期，阿尔卑斯山冰川的范围比今天的范围要大得多。它不但覆盖着欧洲广大的平原地区，而且填平了北面的波罗的海和北海，把斯堪的纳维亚半岛、英伦三岛与欧洲大陆连成了一个整体。这种世界上气候普遍变冷、冰川广布的时期，叫作冰期。

据科学家研究，在离我们最近的地质年代——第四纪期间，在两三百万年的时间里，地球上曾经出现过4次大冰期。每当冰期来临，地球气候变冷，地面上的积雪不能及时化完，就会渐渐堆积起来，形成辽阔的冰川。在开始于7万多年前的最后一次大冰期，欧亚大陆的北半部和北美洲的北半部都曾被冰川覆盖，各大陆高山地区和南极冰盖的面积都比现在的冰川面积要大得多。

冰川在流动过程中，挟带着不少石块，这些石块不但自身会磨出擦痕，还会不停地刨蚀地面。冰川刨蚀地面的力量之大确实惊人，任何巨大的推土机都比不上它。所以冰川所到之处，就会在地表留下许多特殊地形。

比如，可以在地表形成宽而浅的积水洼地和成群分布的低矮石脊。它们分别是"冰蚀湖"和"羊背石"。北欧的芬兰不是被叫作"千湖之国"吗？芬兰境内数以千计的湖泊就是冰川造成的。冰蚀湖和羊背石在北美洲的加拿大境内也有很多，而且它们都有一定的排列方向，人们可以根据排列方向来推测当年冰川的流动方向。

在一些高山地区，虽然古代冰川已经消失，但科学家们仍然能找到各种古代冰川的遗迹。比如，冰川流过的谷地，它的外形与一般山间河谷有明显的差别，常常有直立的谷壁和平缓的谷底，这种山谷的横剖面形如英文字母U，叫"U形谷"。冰川上源的盆地与一般山坳也有区别，它的形状有如一把围椅，半圆形的陡坡，围着向一面开口的洼地，科学家将这种由冰蚀作用形成的洼地称作"冰斗"。

此外，冰川堆积物与河流堆积物也有明显区别。相比河流堆积物，冰川堆积的碎屑石块大小混杂，没有什么层理，砾石的棱角分明，磨圆度较低。

第四纪冰期同样影响过我国。那时，我国气候比现在要冷得多，高山冰川的分布范围也比今天广，一些现在没有冰川分布的山地，当时都出现了冰川。

第四纪冰期对地球的自然环境有什么影响呢？首先，大量的降水变成冰堆在陆地上，不能流回大海，使海平面降低，一些不深的海干涸后变成了陆地。我国东部的黄海、东海的海底，那时也大部分露出海面。

其次，冰期对全球动植物分布也有深远影

响。冰期来临，北方一些不耐寒的动植物一部分被冻死，一部分迁移到比较温暖的南方，等冰期过后，它们又重新北迁。这样反复多次，就使得大陆南北的动植物种类变得丰富起来。

此外，在冰期，即便是比较温暖的地区，森林也变得稀疏了。食物的不足，迫使古猿从树上下地觅食，这也是影响古猿逐渐进化的外界因素之一。

撒哈拉的过去和现在

撒哈拉沙漠横亘于非洲北部，面积达932万平方千米，和我国的领土面积差不多大，是地球上最大的沙漠。

在撒哈拉沙漠的东侧，尼罗河自南而北流经沙区注入地中海，在河流两岸形成一片狭窄的绿洲。

而沙漠的其余广大地区，除有零星分布的小片绿洲外，都是起伏的沙山和偶尔突出在沙海之中的裸露岩岛。

这里是一个终年炎热无雨、荒凉死寂的世

界。没有树木，没有青草，没有牛羊，也没有任何野兽，当然更没有人烟。热带炎热的阳光常年炙烤着这片没有生机的土地，中午时，沙丘表面温度甚至超过 70℃，鸡蛋埋在沙里，很快就会被烤熟。

然而，这片沙漠自古以来就是这个模样吗？不是的。几千年前，撒哈拉沙漠所在的地区曾是一片繁茂的草原。那里有青葱的牧草，草原上的动物自由自在地游荡。居住在撒哈拉深处的古代居民，已经学会饲养家畜，种植各种农作物，在辽阔的撒哈拉土地上安居乐业。

长久以来，撒哈拉地区的古代文明一直是一个谜。从 19 世纪开始，来自欧洲的探险家们才逐渐揭开它的面纱。探险队远渡重洋，深入撒哈拉内部，并且成功地穿越沙漠。后来，他们把在沙漠内部看到的种种奇迹公布了出来。

探险队在沙漠内部的山崖上看到许多古代居民留下来的壁画。这些画在岩壁上的图像，不但分布广，数量多，而且具有很高的艺术价值。古代的撒哈拉居民以他们纯熟的技巧和高超的艺术天分，生动地描绘出几千年前撒哈拉地区的社会情况和自然风貌。

古代撒哈拉居民画在岩壁上的画有好多种颜色：白色、赤红色、赭石色、绿色等。这是用富含氧化铁的红土、白色的高岭土或者带有颜色的页岩制作成的原始颜料画出来的。由于颜料已经充分渗入岩壁内，所以这些画不仅色泽鲜艳，而且多年不褪色。正是这些一幅幅美丽的画面，成为研究撒哈拉历史的珍贵资料。

在一幅撒哈拉草原的"百兽图"中，就出现了几十只不同种类的动物：高个子的长颈鹿、肥胖的水牛、奔跑的羚羊和鸵鸟，还有笨重的大象……每一只动物都线条清晰，描绘得生动准确。

像这样描绘各种野生动物的壁画在撒哈拉沙漠中还有很多。我们可以推测，当时这里生活着这么多动物，那么，那个时候的气候一定比较湿润，原野上一定生长着茂盛的植物，这就与现在酷热和干旱的景象形成了明显的对照。

描绘放牧场景的壁画也不少。在一幅壁画中，我们不仅可以看到一些健壮的牧民，赶着成群的牛羊在草原上游牧。还能看到一只调皮的公牛硬是不听主人的指挥，在牛群中横冲直撞。好一幅生动热闹的"牧牛图"。

看着这些壁画，人们不禁要问，撒哈拉地区的古代居民在这里生活了多久？他们又是在什么时候离开这里的？撒哈拉为什么会变成今天这副模样呢？

　　经过长期研究，科学家们有了结果。距今10000年至4000年前，有许多古代非洲居民生活在这片仍是草原的沃土上。大约在4000多年前，由于撒哈拉地区大气环流形势发生了改变，海上的潮湿空气越来越难吹进撒哈拉内部，撒哈拉地区的气候也就逐渐干旱起来。

　　随之而来的结果是，河流断流了，湖泊消失了，植物枯萎了，茂盛的草原渐渐变成了沙漠。撒哈拉地区的古代居民只好赶着牛羊，离开了自己的家园，到新的地方安家。

　　最后，需要指出的是，类似撒哈拉这样由湿润草原逐渐变成干旱沙漠的例子，在世界上并不是特例。即便只看最近几千年，地球上也曾发生过类似的情况。因为气候变化，一些地方由草原变成了沙漠。这种局部的气候变化只是地球长期气候变化的小小缩影。

奇异的适应能力

天空中没有一丝云彩，无情的骄阳炙烤着大地，地面像着了火似的，滚烫滚烫。空气又热又干，一盆水放在外面，用不了一两个小时，就会蒸发得干干净净。

四野静悄悄，空中没有飞鸟，地上看不到动物，只有那些看起来已经干枯了很久的植物正默默忍受着酷热的煎熬。

这就是夏天沙漠里的景象。

可是，如果下一场雨，哪怕这场雨并不大，

足够刚刚润湿地面，沙漠里的景象也会立刻发生奇迹般的变化。

雨水洗去干枯植物枝条上的灰尘，枯枝上抽出嫩绿的幼芽。原来没有任何植物的地面上，也能在一夜之间钻出无数棵青翠的小草。荒凉的沙漠披上了新装，显得生意盎然。

多少年来，生活在沙漠中的各种植物，在严酷的自然条件下，练就了一身战胜干旱的本领。其中一个就是能高效地利用偶尔降下来的雨水，让沙地里的种子，在几星期之内生根、出芽、抽叶、开花、结果，完成自己短得不能再短的生命周期，然后再孕育出更多成熟的种子，等待又一轮的降雨。

这种植物就是短命植物。

沙漠最大的特点是干旱缺水，而植物没有水是不能存活的。短命植物就靠着上文中这样

"突击发育"的方法，在沙漠中站稳了脚跟。而其他在沙漠中生活的植物，没有学会短命植物的聪明方法，只好以顽强的忍耐力，抵抗着干旱的考验。

沙漠中的大部分植物都长得很矮小，它们的叶子往往也很小，而且已经不是常见的叶片形态，有的变成细长的线，有的变成茸毛，有的变成鳞片状，有的变成了刺。我国西北沙漠里最常见的小灌木——红柳，还能把叶子缩成一粒粒芝麻大的小球。这些千变万化的叶子，只有一个目的，就是尽量减少植物体内的水分蒸腾。

还有一种小乔木——梭梭，干脆就不长叶子，让自己的树干代替叶子进行光合作用。这种植物在我国沙漠中也很常见，茂盛时还能长成一片片"不能遮阳的森林"。梭梭树干节多，没有大用，却是沙漠地区居民最好的柴火。它烧起来火势旺、发热量高，被称为"沙漠活煤"。

有的沙漠植物还有奇特的储存水分的能力。

热带沙漠中的仙人掌就能靠自身粗大的茎干储存水分。这类植物满身皱纹，能自动地胀开或者收缩。一旦土壤里有了水分，它便"敞开肚皮"，吸足水分，然后再慢慢地消耗。在"大肚皮"的帮助下，仙人掌在热带沙漠里也可以长得很密、很高大。

据说，北美洲南部的沙漠里长着一种仙人鞭，株高 15 米以上，像一根高大的石柱。当地的印第安人采摘仙人鞭的果实，做成美味的糖浆，采集茎干中的汁液造酒，收集种子用来榨油。就连干枯的茎干也能派上用场——它们可以作为房屋的支架和烧火的燃料。

仙人鞭吸水性极强。一场暴雨过后,它地下那些又浅又密的须根立刻被动员起来,用不了多久,几百升的水分就会被输送到粗大的茎干中。所以,仙人鞭虽然看起来很重,但其实大约 4/5 以上的重量都是水。

沙漠植物适应环境的能力是多种多样的。

沙漠中日照时间长,阳光强烈,不少植物的外表就变成了灰白色,或者长出了一层灰白色的绒毛,这样便可以反射或遮挡强烈的阳光。

沙漠地区风沙大。狂风一来,会把地表的沙土吹走,甚至会吹跑地面的植物。所以,沙漠里有一种植物不仅将长长的主根扎得深深的,还生出许多不定根,这些侧根铺得又远又广,即使裸露在外面也没关系,照样顽强地生长。上面说的这种植物,我们管它们叫作沙生植物。

　　科学家们对沙生植物有浓厚的兴趣。在我国甘肃省巴丹吉林沙漠边沿，植物学家们在那里建立了一座沙生植物园。他们把世界各地的许多种沙生植物引种到园里，精心培育，仔细研究，持续探索着沙生植物的奥秘。

　　为什么要研究沙生植物呢？原来，在征服沙漠的斗争中，沙生植物可是人类的得力帮手。要固定流沙，最好的办法就是种植植物，沙生植物能够适应沙漠地区严酷的自然环境，它们的根系深长，可以固沙和阻止沙丘移动。沙丘上的植物变多之后，还可以改善水土条件，使更多其他植物成活生长。这些年我国西北地区采用人工播种沙蒿、沙柳等沙生植物的方法改造沙漠，已经取得了一定成效。